Física do dia a dia

VOLUME 3

Mais 105 perguntas e respostas sobre Física fora da sala de aula

Regina Pinto de Carvalho

Física do dia a dia

VOLUME 3

Mais 105 perguntas e respostas sobre Física fora da sala de aula

autêntica

EDITORAS RESPONSÁVEIS
Rejane Dias
Cecília Martins

CAPA
Alberto Bittencourt

REVISÃO TÉCNICA
Ana Marcia Greco de Sousa

REVISÃO
Aline Sobreira

ILUSTRAÇÃO
Mirella Spinelli

DIAGRAMAÇÃO
Waldênia Alvarenga

Dados Internacionais de Catalogação na Publicação (CIP)
(Câmara Brasileira do Livro, SP, Brasil)

Carvalho, Regina Pinto de
Física do dia a dia : mais 105 perguntas e respostas sobre física fora da sala de aula / ilustração Mirella Spinelli. -- Belo Horizonte : Autêntica , 2021.

ISBN 978-65-5928-028-5

1. Física - Miscelânea I. Carvalho, Regina Pinto de. II. Spinelli, Mirella.

21-58553 CDD-530

Índices para catálogo sistemático:
1. Física 530

Cibele Maria Dias - Bibliotecária - CRB-8/9427

Belo Horizonte
Rua Carlos Turner, 420
Silveira . 31140-520
Belo Horizonte . MG
Tel.: (55 31) 3465 4500

São Paulo
Av. Paulista, 2.073, Conjunto Nacional
Horsa I . Sala 309 . Cerqueira César .
01311-940 São Paulo . SP
Tel.: (55 11) 3034 4468

www.grupoautentica.com.br
SAC: atendimentoleitor@grupoautentica.com.br

Dedico este livro aos meus netos
Pedro, Ana Julia e Tomás, e a todas as pessoas
curiosas e amantes da Física como eles.

Tim-tim, tim-tim, tim-tim ó-lá-lá!
Quem não gosta dela, de quem gostará?
Quem não gosta da Física... de quem gostará?

(Hino dos estudantes de Física da UFMG, 1969)

No man really becomes a fool
until he stops asking questions

[Ninguém se torna tolo enquanto
não para de fazer perguntas]

(Charles Steinmetz, matemático, pesquisador e
inventor alemão, radicado nos Estados Unidos, 1865-1923)

Sumário

Introdução

Depois de lançados os dois primeiros volumes da coleção *Física do dia a dia*, continuei a receber sugestões de temas que relacionam a Física com a vida diária, e, assim, apresento agora um terceiro volume de perguntas e respostas.

Muitas vezes as questões abordam outras áreas do conhecimento, como Química, Biologia, Matemática, Engenharia, Arquitetura etc., mostrando que a Ciência é uma só e que, para conhecer nosso mundo, precisamos de todas as suas facetas.

Procurei dar respostas simples e resumidas para cada pergunta, dirigindo-me principalmente a um público leigo. Para as pessoas que quiserem se aprofundar mais em determinado assunto, são oferecidas sugestões de leitura complementar para cada pergunta; muitas vezes, a referência citada não mostra exatamente a resposta para a questão, mas sim os princípios básicos que podem auxiliar no seu entendimento. Infelizmente, para alguns temas, não foi possível indicar leitura em português, e, nesse caso, são citados *links* em inglês que, se necessário, poderão ser submetidos a uma tradução eletrônica.

As pessoas que sugeriram perguntas ou me auxiliaram com as respostas são citadas no texto, e a elas agradeço imensamente. Em particular, agradeço aos especialistas que revisaram cuidadosamente meu trabalho e deram ótimas sugestões: professores Márcio Quintão Moreno, Maria Sílvia Silva Dantas, Paulo Roberto Silva, Ana Márcia Greco de Sousa.

Aos leitores que se divertem com a Física tanto quanto eu, proponho que enviem mais sugestões, para que a coleção possa continuar!

Belo Horizonte, fevereiro de 2021.

Regina

CAPÍTULO I

Céu e Terra

1- Haroldo, funcionário da companhia elétrica local, me pergunta o que é o "raio bola" e como ele é formado.

Resposta: O raio bola é um fenômeno raro, que ocorre em geral depois de um relâmpago: consiste em uma bola luminosa com diâmetro entre 10 cm e 20 cm, que se desloca próxima ao solo e pode durar entre 1 s e 10 s.

Existem duas hipóteses para explicar sua formação: uma diz que ele é formado pela vaporização de sílica (SiO_2) presente no solo, com a posterior oxidação do Si; mas isso não explicaria como o raio bola pode atravessar janelas ou outro material isolante, o que já foi relatado algumas vezes. Outra hipótese é que ele se forma devido à concentração de átomos do ar que foram ionizados pela passagem do relâmpago; nesse caso, ao se aproximar da janela, os íons induziriam ionização do ar do outro lado da janela e a formação de uma nova bola no interior, enquanto a bola exterior se dissolveria.

Muitos pesquisadores tentaram reproduzir o fenômeno, mas ainda não se tem uma explicação definitiva para ele.[1]

Para saber mais sobre o assunto, leia:

[1] https://bit.ly/39UZApn. Acesso em: mar. 2021.

2- Um ouvinte do programa radiofônico *Universo Fantástico* pergunta por que desenhamos estrelas com "pontas", se elas são "bolas de fogo".

Resposta: Olhando o céu noturno, as estrelas parecem piscar, o que nos leva a representá-las com "pontas" ou "raios". Na verdade, seu brilho é constante, e o efeito observado é devido à passagem da luz das estrelas em nossa atmosfera: a luz pode ser absorvida por algumas moléculas do ar atmosférico e depois reemitida em direções diferentes, não alcançando nossos olhos. Assim, vemos o brilho aumentar e diminuir sucessivamente, dando a impressão de pulsação.[2]

3- Por que as estrelas aparecem pequenas no céu, se são do tamanho do Sol, e por que a Lua aparece grande?

Resposta: Nosso cérebro nos ensina a avaliar o tamanho dos objetos de acordo com o ângulo formado pelas linhas que ligam cada uma das suas extremidades aos nossos olhos: em um objeto maior, o ângulo é maior, e, inversamente, para um objeto menor, o ângulo será menor. Um objeto mais distante também será visto através de um ângulo menor, e será interpretado pelo nosso cérebro como sendo menor.

Assim, como as estrelas estão muito mais distantes de nós que o Sol, elas parecerão menores, apesar de

---

Para saber mais sobre o assunto, leia:

[2] https://bit.ly/3wEeES3. Acesso em: mar. 2021.

terem o mesmo tamanho que o nosso astro. Da mesma forma, a Lua, que é muito menor que o Sol, parece ter o mesmo tamanho aproximado, por estar mais próxima de nós.[3]

4- Minha neta Ana Julia pergunta: o que forma o "halo" que vemos em torno do Sol?

Resposta: O halo em volta do Sol acontece devido a um fenômeno óptico que ocorre na alta atmosfera. Nessa região, de temperatura muito baixa, encontram-se pequenos cristais de gelo, que desviam a luz solar incidente sobre eles, formando um círculo luminoso em torno do astro-rei.[4]

5- Existe influência da Lua nas plantações ou isso é apenas superstição?

Resposta: O professor Renato nos explica que sim, pode haver influência da Lua nas plantações. Os insetos que polinizam as plantas se orientam pela luz, agindo principalmente durante o dia, mas, durante a Lua Cheia, em que há bastante claridade durante a noite, eles poderão circular, modificando a polinização. As fases da Lua vão também modificar o sistema de "marés" (atração da parte líquida da Terra pela Lua); isso é bem visível na orla oceânica, mas acontece também com as águas do subsolo, trazendo-as mais para a superfície quando as marés são mais fortes; o terreno mais úmido pode influenciar o desenvolvimento das plantas.[5]

Para saber mais sobre o assunto, leia:

[3] https://bit.ly/3n6wybP. Acesso em: mar. 2021.

[4] https://bit.ly/3t0Ful3. Acesso em: mar. 2021.

[5] https://bit.ly/3uwMSVD. Acesso em: mar. 2021.

6- O Sistema Solar vai acabar um dia? Quando?

Resposta: A previsão sobre a evolução do Sistema Solar é feita observando-se estrelas semelhantes ao Sol que estão em um estágio mais avançado de sua existência. Estima-se que o Sol tenha se formado há cerca de 4,5 bilhões de anos e que esteja na metade de sua "vida", ou seja, o Sistema Solar deve deixar de existir em cerca de 4,5 bilhões de anos.

A energia do Sol é obtida através da fusão nuclear do hidrogênio em hélio, que ocorre em seu interior, gerando enormes quantidades de energia. O fluxo dessa energia, do centro para as bordas, provoca uma força em sentido contrário à da gravidade, que tende a atrair a massa do Sol para o seu centro, e assim o astro está em equilíbrio.

Em algum momento, o hidrogênio do interior do Sol vai acabar; não haverá mais geração de energia, e a gravidade vai atrair toda a massa solar para o seu centro; o Sol vai se tornar cada vez menor e mais denso. A contração de sua massa fará com que sua temperatura aumente, permitindo a fusão do hidrogênio das camadas mais externas e também a fusão do hélio em elementos mais pesados. O grande aporte de energia vai provocar uma rápida expansão; o Sol vai aumentar de tamanho, alcançando um diâmetro maior que o das órbitas dos planetas, e então o Sistema Solar não existirá mais.

Em uma terceira fase, quando não houver mais combustível, toda a massa do Sistema Solar irá resfriar e contrair, formando uma estrela anã que aos poucos deixará de brilhar.[6]

Para saber mais sobre o assunto, leia:

[6] SILVA, Adriana V. R. da. *Nossa estrela*: o sol. São Paulo: Livraria da Física, 2006, cap. 7.

7- Como seriam os seres de outros planetas?

Resposta: Podemos dizer que não é impossível haver vida fora da Terra. Existem mesmo teorias que dizem que a vida na Terra foi originada de micro-organismos vindos do espaço em meteoritos.

Caso exista vida fora da Terra, é preciso notar que, em outros planetas, as condições ambientais, tais como a temperatura, a gravidade, a composição da atmosfera, a disponibilidade de elementos químicos ou a fonte de energia (o sol de tal planeta), são diferentes das nossas.

A vida na Terra é baseada na presença de certos elementos químicos: O, C, H, N; em outros planetas, pode ser que ela seja baseada na química do Si em vez de C, do H em vez de O ou do N no lugar de C, usando, por exemplo, CH_2 ou NO_2 em processos metabólicos, em vez de CO_2. Mesmo na Terra temos alguns micro-organismos que vivem sem O; e, em uma experiência, foi possível cultivar com sucesso a bactéria *E. coli* em atmosfera de H_2.

Assim, os seres de outros planetas podem ser completamente diferentes do que temos na Terra. Há uma hipótese que diz que tais seres existem entre nós, mas não os percebemos por serem invisíveis aos nossos olhos![7]

Para saber mais sobre o assunto, leia:

[7] https://bit.ly/3uwMSVD. Acesso em: mar. 2021.

8- Minha nora Gisele pergunta por que o pôr do Sol é mais colorido em dias frios, ou em países frios.

Resposta: As moléculas presentes na atmosfera terrestre espalham a luz solar; esse espalhamento varia inversamente com o comprimento de onda da luz. Assim, os comprimentos de onda menores se espalham mais, e o céu aparece azul, enquanto os comprimentos de onda maiores (amarelo, vermelho) só são espalhados quando os raios solares atravessam uma porção maior da atmosfera. Isso acontece quando o Sol está baixo no horizonte (nascer e pôr do Sol), e por isso o céu fica colorido no início da manhã e no final da tarde.

Nos dias frios, não há muita movimentação do ar. Essa movimentação, em geral, acontece porque o solo quente aquece as camadas de ar mais baixas, que tendem a subir, provocando o vento.

Com pouco vento, as partículas de poeira ou poluição presentes no ar não são dissipadas. Elas também espalham a luz solar, assim como as moléculas do ar. Com a presença de mais partículas, o espalhamento se torna mais efetivo para comprimentos de onda maiores (amarelo, vermelho), e o céu passa a apresentar mais intensamente essas tonalidades.[8]

9- Meu amigo Craig, do museu Edison Steinmetz (EUA), observou que objetos de densidade diferente caem com a mesma "velocidade". Isso é verdade?

Resposta: Na verdade, os objetos não caem todos com a mesma velocidade. Eles têm todos a mesma aceleração devido à atração gravitacional da Terra. Se partirem do

---

Para saber mais sobre o assunto, leia:

[8] HEWITT, Paul G. *Física conceitual*. 11. ed. Porto Alegre: Bookman, 2011, cap. 27.
https://bit.ly/3t0Ful3. Acesso em: mar. 2021.

repouso e da mesma altura, essa aceleração fará com que tenham a mesma velocidade. No entanto, a força gravitacional não é a única que atua sobre um objeto que cai próximo à superfície da Terra: ele sofre também a resistência do ar, que se opõe ao movimento de queda e depende da velocidade do objeto e de sua forma (note que uma folha de papel aberta cai mais devagar que outra amassada). No entanto, a resistência do ar só é facilmente notada em objetos com pouca massa (por exemplo, uma folha de papel), com grandes áreas transversais ao movimento (por exemplo, um paraquedas) ou que estejam em altas velocidades (por exemplo, os carros de corrida). Outros objetos, soltos da mesma altura, cairão com a mesma velocidade, mesmo tendo formas e densidades diferentes (por exemplo, um molho de chaves e um livro).[9]

10- Se as nuvens são feitas de água, e a água é mais densa que o ar, por que elas não caem?

Resposta: As nuvens são formadas por minúsculas gotículas de água, com diâmetro médio de cerca de 1/5 do diâmetro de um fio de cabelo. Sobre essas gotículas age a força da gravidade, puxando-as para baixo, e a resistência do ar, opondo-se a esse movimento. As forças se anulam e fazem com que elas caiam com velocidade tão baixa que, antes de chegar à base da nuvem, as gotículas se evaporam, enquanto outras são criadas no topo da nuvem. Assim, embora a nuvem não caia, ela é sempre renovada, com o desaparecimento das gotículas na base e o aparecimento de outras no topo.[10]

Para saber mais sobre o assunto, leia:

[9] MÁXIMO, Antônio; ALVARENGA, Beatriz. *Física – volume único*. 2. ed. São Paulo: Scipione, 2007, cap. 2.

[10] https://bit.ly/3t0Ful3. Acesso em: mar. 2021.

11- Se objetos com densidades diferentes caem com a mesma velocidade, pergunta ainda Craig, por que o ar com diferentes densidades sobe com "velocidades" diferentes?

Resposta: Os movimentos de subida ou descida do ar são devidos a uma força denominada empuxo: um fluido (no caso, o ar) exerce sobre objetos colocados nele uma força para cima; se o objeto for menos denso que o fluido, o empuxo será maior que seu peso, e ele subirá.

As camadas de ar da atmosfera têm diferentes temperaturas: ao receber a radiação solar, o solo se aquece e transmite calor para a camada de ar mais baixa, provocando a dilatação desta. Com a dilatação, essa camada se torna menos densa que o ar acima dela e sofre o empuxo, que a leva para cima. Camadas de ar que sofreram o aquecimento em diferentes intensidades poderão ter densidades diferentes; quanto maior a diferença entre a densidade das camadas, maior será a força do empuxo, o que pode fazer com que as velocidades de subida sejam diferentes.[11]

12- Durante a Copa do Mundo na Rússia, os repórteres anunciavam a previsão do tempo para o local e a hora dos jogos de interesse. Entre as informações, era anunciada a temperatura WBGT durante os jogos. O que é essa temperatura?

Resposta: A sigla WBGT significa, em inglês, *Wet Bulb Globe Temperature*; em português, costuma-se usar a sigla IBUTG, que significa Índice de Bulbo Úmido e de Termômetro de Globo.

Esse índice avalia as condições climáticas para que os atletas não sejam submetidos a desconforto térmico

---

Para saber mais sobre o assunto, leia:

[11] MÁXIMO, Antônio; ALVARENGA, Beatriz. *Física – volume único*. 2. ed. São Paulo: Scipione, 2007, cap. 2.

extremo. Durante a atividade física, o atleta precisa eliminar calor para o ambiente, e isso pode ser dificultado se a temperatura externa for muito elevada. Se houver radiação térmica, esta vai aumentar a temperatura corporal do atleta. É preciso também avaliar a umidade do ar, pois, se ela for muito alta, pode dificultar a transpiração.

Mede-se, então, uma combinação da temperatura ambiente, da temperatura que considera a umidade relativa do ar e da que leva em conta a radiação térmica. Para isso, usa-se um aparelho que contém três termômetros: o primeiro, de bulbo seco, informa a temperatura ambiente; outro, de bulbo úmido, indica a umidade do ar; e um terceiro, envolvido por um globo negro, dará indicação sobre a radiação térmica num ambiente externo.[12]

13- O que é um eclipse lunar? Ele é diferente de um eclipse solar?

Resposta: O eclipse lunar ocorre quando o Sol, a Terra e a Lua estão alinhados. Se a Terra está entre o Sol e a Lua, a luz solar não pode atingir a Lua: a Terra faz sombra sobre a Lua. O fenômeno não é muito frequente, porque o plano da órbita da Lua em torno da Terra é inclinado com relação ao plano de rotação da Terra em torno do Sol. Somente quando acontece o alinhamento dos três astros temos o eclipse, que vemos sempre em noites de Lua Cheia.

Já o eclipse solar acontece quando a Lua se interpõe entre o Sol e a Terra, impedindo-nos de receber os raios solares. Ele acontece sempre durante o dia, em épocas de Lua Cheia, e é preciso também que haja o alinhamento dos três astros.[13]

Para saber mais sobre o assunto, leia:

[12] https://bit.ly/2OunUa8. Acesso em: mar. 2021.

[13] CARVALHO, Regina Pinto de. *O globo terrestre na visão da física*. Belo Horizonte: Autêntica, 2012, cap. 1.

14- Uma característica do inverno na parte central do Brasil é ter céu limpo, dias quentes e noites frias. Por que isso acontece?

Resposta: Durante o inverno, há pouca movimentação vertical do ar atmosférico: como há pouca insolação, o solo não se aquece muito, e o mesmo acontece com a camada de ar próxima a ele. Não ocorre, portanto, a convecção, que faria ar quente subir e ser substituído por ar mais frio. É essa convecção que leva umidade para a atmosfera, e, na sua ausência, há pouca formação de nuvens e o céu se apresenta "limpo".

Na ausência de nuvens, a radiação solar pode alcançar o solo mais facilmente, tornando os dias mais quentes; e à noite, a Terra irradia o calor de volta para o espaço, já que não há uma cobertura de nuvens para impedir a saída dessa radiação, havendo assim uma queda na temperatura.

Veja também a questão I-19.[14]

15- O que é a lua de sangue e por que ela acontece?

Resposta: A lua de sangue ocorre durante alguns eclipses lunares, quando a Terra impede a luz solar de iluminar a Lua. Se isso acontecer durante uma superlua – que é quando a Lua está no seu ponto mais próximo da Terra e parece maior que o habitual –, alguns raios do Sol são desviados pela atmosfera da Terra e conseguem alcançar a Lua, iluminando-a fracamente. A atmosfera terrestre espalha a luz, e isso se dá mais fortemente para comprimentos de onda menores (azuis) que para os maiores (vermelhos). Assim, a luz vermelha consegue atravessar a atmosfera e chegar à Lua, dando a ela uma cor avermelhada. Esse fenômeno

---

Para saber mais sobre o assunto, leia:

[14] https://bit.ly/3t0Ful3. Acesso em: mar. 2021.

é raro, porque depende da ocorrência, ao mesmo tempo, de um eclipse lunar e da superlua.[15]

16- Na música "Grilos" (Roberto Carlos e Erasmo Carlos), Marina Machado canta: "o mundo pesa muitos quilos". É possível saber o peso do mundo?

Resposta: Na verdade, a unidade "quilo" não representa o peso, mas a massa de um objeto. O peso é a força de atração que a Terra exerce sobre ele e pode também representar a força de atração que a Lua ou algum planeta exerce sobre um objeto em sua superfície. É possível se conhecer a massa da Terra, observando-se a sua trajetória quando se leva em conta principalmente a atração gravitacional do Sol, mas também a da Lua e a dos outros planetas.[16]

Para saber mais sobre o assunto, leia:

[15] https://glo.bo/39UhWHc. Acesso em: mar. 2021.

[16] HALLIDAY, D.; RESNICK, R.; KRANE, K. S. *Física 1*. 4. ed. Rio de Janeiro: LTC, 1996, cap. 5.

17- O que é o buraco negro? A imagem divulgada recentemente de um buraco negro corresponde à realidade?

Resposta: Meu amigo, o astrofísico Gabriel, explica que os buracos negros são objetos muito massivos e compactos, que concentram em uma pequena região do espaço muitas massas solares, e são formados por estrelas em colapso, ou até bilhões de massas solares, quando existem no centro das galáxias. Por serem muito massivos, exercem uma imensa força de atração gravitacional sobre objetos próximos, e nem a luz consegue escapar dessa atração.

Em maio de 2019 se conseguiu a primeira imagem de um buraco negro. Na verdade, o que se vê não é o buraco negro, já que nem a luz escapa dele. A foto representa a radiação emitida pela matéria que orbita em torno desse objeto massivo. Embora seja emitida radiação em diversos comprimentos de onda (raios-X, visível etc.), a imagem foi obtida coletando-se informações de radiotelescópios situados em diferentes partes do globo. Tais telescópios captam ondas de rádio (grandes comprimentos de onda) vindas do espaço, e que são menos absorvidas pelo material das galáxias que ondas de outros comprimentos de onda.

Como as ondas de rádio não são visíveis ao olho humano, a imagem foi colorizada artificialmente, para que se possa ter uma ideia do que ocorre na região observada.

Os cientistas Roger Penrose (Reino Unido), Andrea Ghez (EUA) e Reinhard Genzel (Alemanha) receberam o prêmio Nobel de Física de 2020 por seus estudos sobre buracos negros.[17]

Para saber mais sobre o assunto, assista:

[17] https://bit.ly/3wFQDdi. Acesso em: mar. 2021.

18- Como se formam os nevoeiros? E por que eles se levantam algumas horas após o nascer do Sol?

Resposta: Em noites de céu limpo, o solo se resfria, irradiando o calor recebido do Sol durante o dia. Nesse processo, a porção da atmosfera próxima ao solo é também resfriada, e a umidade contida no ar se condensa, formando, próximo ao solo, o nevoeiro, que é composto de gotículas de água. Após o nascer do Sol, o solo começa a se aquecer e transfere calor para a camada de ar próxima a ele, evaporando assim as gotículas de água. Ou seja, o nevoeiro evapora a partir da base, o que dá a impressão que ele está "levantando".

Veja também a questão III-8.[18]

19- Por que, quando o céu fica encoberto pelas nuvens à noite, o clima fica abafado?

Resposta: Durante o dia, a radiação solar que incide sobre a Terra provoca o aquecimento do solo e das águas. Durante a noite, esse calor é irradiado novamente para o espaço. Porém, se houver nuvens no céu durante a noite, elas vão formar uma camada isolante que impede a saída do calor armazenado na superfície da Terra durante o dia: as nuvens absorvem radiação na faixa do infravermelho (que sentimos como calor) e a irradiam novamente, parte para o solo e parte para o espaço.

Veja também a questão I-14.[19]

Para saber mais sobre o assunto, leia:

[18] https://bit.ly/3t0Ful3. Acesso em: mar. 2021.

[19] Idem.

Capítulo II

Em casa

1- Por que um eletrodoméstico se queima se for usado na voltagem errada?

Resposta: Os aparelhos elétricos têm uma resistência fixa. A tensão fornecida em nossas casas, que chamamos normalmente de voltagem, determina a corrente que vai circular pelo aparelho, e este é projetado para funcionar com esse valor de corrente. Porém, é preciso notar que em algumas cidades, ou em outros países, a voltagem residencial pode ser diferente.

Se o aparelho for submetido a uma tensão diferente, a corrente que vai circular por ele será diferente daquela para a qual foi projetado. Se a corrente for maior, pode provocar excesso de aquecimento nos circuitos, desfazendo-os ou queimando algumas partes. Se a corrente for menor que a desejada, o aparelho pode não funcionar.[1]

Para saber mais sobre o assunto, leia:

[1] MÁXIMO, Antônio; ALVARENGA, Beatriz. *Física – volume único.* 2. ed. São Paulo: Scipione, 2007, cap. 9.

2- Por que, quando estamos em um cômodo da casa com a porta aberta, podemos escutar a voz de pessoas que estão em outro cômodo, mesmo não podendo vê-las?

Resposta: A voz humana é constituída de ondas sonoras com comprimentos de onda que variam entre 10 m (som grave) e 10 cm (som agudo). Esses valores são da ordem de grandeza do orifício formado pela porta (~1 m), então essas ondas, ao encontrar a porta, podem sofrer difração e se propagar como se a fonte sonora estivesse ali localizada. Escutaremos a voz das pessoas, mesmo que elas não estejam na nossa linha de visão.

Já a luz visível é formada por ondas eletromagnéticas de comprimentos de onda entre $4{,}0 \times 10^{-7}$ m e $7{,}5 \times 10^{-7}$ m. Esses valores são muito menores que o tamanho da porta e essas ondas não são difratadas por ela. Se não estivermos em uma posição em que a luz refletida pelas pessoas nos alcance diretamente, ou indiretamente, através de algum espelho ou outro objeto similar, não será possível ver as pessoas.[2]

3- Em um dia frio e ventoso, meus colegas do curso de Libras se queixaram do vento frio que entrava pela porta da sala. A porta precisava ficar aberta, porque alguns alunos ainda não tinham chegado, então eu sugeri que fechássemos as janelas. Os colegas não concordaram, porque, segundo eles, o vento entrava pela porta e, portanto, teríamos de fechá-la. Quem estava certo?

Resposta: O vento é formado pelo deslocamento do ar. Para que haja vento em uma sala, é preciso que haja duas aberturas, uma de entrada e uma de saída do ar.

Para saber mais sobre o assunto, leia:

[2] HALLIDAY, D.; RESNICK, R.; KRANE, K. S. *Física 2*. 4. ed. Rio de Janeiro: LTC, 1996, cap. 20 e cap. 46.

Se houver somente uma abertura, não será possível obter o movimento do ar dentro da sala. Assim, tanto faz fecharmos a porta ou as janelas; com somente uma delas aberta, não haverá corrente de ar.[3]

4- Para saber se as pilhas do controle remoto da TV estavam boas, uma pessoa acionou o controle e o observou através da câmera de seu telefone celular. Por que ela agiu dessa forma?

Resposta: O controle remoto de aparelhos como o televisor funciona enviando ao aparelho um sinal na frequência do infravermelho. Este não é visível ao olho humano, porém as câmeras dos aparelhos celulares têm sensibilidade para essas frequências. O sinal será detectado por elas, e a imagem aparecerá como um ponto luminoso. Dessa forma, acionando o controle remoto diante da câmera do celular, poderemos observar se ele está funcionando.[4]

5- Por que as gotas d'água que caem sobre uma toalha impermeável assumem a forma de parte de uma esfera?

Resposta: As moléculas de água exercem uma forte atração entre si, e essa atração é maior que a existente entre a água e o material da toalha ou entre a água e o ar. Nesse caso, as moléculas de água se agrupam da forma mais compacta possível, que é parte de uma esfera. Note que, devido a essa forma, a gota funciona como uma lente convergente, e é possível ver os detalhes da toalha ampliados.[5]

Para saber mais sobre o assunto, leia:

[3] https://bit.ly/3t0Ful3. Acesso em: mar. 2021.

[4] https://bit.ly/2Qb0I11. Acesso em: mar. 2021.

[5] EBBING, Darrel D.; WRIGHTON, Mark S. *Química geral*. v. 1. 5. ed. Rio de Janeiro: LTC, 1998, cap. 11.

6- Uma colega da aula de ginástica se queixou de que seu fogão estava defeituoso pois ela tomava choques ao encostar nele. Seria preciso trocar o fogão?

Resposta: Como esse fato aconteceu em um dia seco, pode-se concluir que o problema não está no fogão: a colega andou pela cozinha arrastando os pés e assim acumulou em seu corpo carga eletrostática. Ao tocar a superfície metálica do fogão, a carga se deslocou dos seus dedos para o fogão, causando o choque. Na verdade, o que precisa ser feito é que ela não falte às aulas de ginástica e aprenda a caminhar sem arrastar os pés no chão.[6]

7- Por que nossa mãe nos manda estender a toalha depois do banho, e não a deixar embolada em cima da cama?

Resposta: Para que a toalha seque, é preciso que as moléculas de água se desprendam do tecido e sejam dissolvidas no ar ambiente. Isso ocorre mais rapidamente se a superfície de contato com o ar for maior; por isso é preferível que a toalha fique estendida.[7]

8- Por que a resistência de uma torradeira ligada fica vermelha?

Resposta: A torradeira possui uma resistência que se aquece com a passagem da corrente elétrica. Essa resistência funciona como um corpo negro, isto é, emite radiação

---

Para saber mais sobre o assunto, leia:

[6] MÁXIMO, Antônio; ALVARENGA, Beatriz. *Física – volume único.* 2. ed. São Paulo: Scipione, 2007, cap. 9.

[7] MÁXIMO, Antônio; ALVARENGA, Beatriz. *Física – volume único.* 2. ed. São Paulo: Scipione, 2007, cap. 8.

de acordo com a sua temperatura. Aquecida, ela emitirá radiação infravermelha, que interpretamos como calor, mas a curva de emissão abrange diversas frequências em torno da principal, incluindo as frequências que são vistas como vermelho.[8]

9- Por que a espuma formada por um sabonete colorido é branca?

Resposta: Minha amiga Sica, professora de Física, explica que a espuma consiste em um grande número de pequenas bolhas. Cada uma delas tem uma fina camada de uma solução de água e sabão que forma sua parede, e seu interior é preenchido com ar. A fina camada externa não é totalmente transparente: ela pode refletir, refratar e dispersar a luz de todos os comprimentos de onda, cada cor em uma direção. Como a espuma tem um número grande de bolhas, de tamanhos e em posições ligeiramente diferentes, teremos luz de diversos comprimentos de onda em cada direção, o que resulta em luz branca.

Se a espuma for iluminada por luz colorida, somente essa cor será espalhada, e a espuma ficará colorida.

A cor do sabonete provém de um corante solúvel em água, que fica muito diluído e não dá cor à espuma. Se adicionarmos uma grande quantidade de corante à espuma, ela pode ficar colorida, mas a cor será mais pálida que a do corante original, pois as bolhas ainda estarão espalhando a luz branca do ambiente.

Veja também as questões II-11 e VII-3.[9]

Para saber mais sobre o assunto, leia:

[8] MÁXIMO, Antônio; ALVARENGA, Beatriz. *Física – volume único.* 2. ed. São Paulo: Scipione, 2007, cap. 13.

[9] https://bit.ly/3fS27Va. Acesso em: mar. 2021.

10- Como funciona a *chill can*, lata de bebidas que esfria quando é aberta?

Resposta: A lata para bebidas *chill can* é recomendada para ocasiões em que se quer degustar uma bebida gelada e não se tem uma geladeira ou caixa com gelo (piquenique, pescaria etc.). Ela consiste em um recipiente com paredes duplas: na parte interna fica a bebida e, em volta dela, há uma "câmara de resfriamento", onde se coloca gás carbônico (CO_2) pressurizado, adsorvido em uma matriz de carbono ativado. A base da lata é uma tampa plástica, de rosca, que, quando girada, expõe pequenos orifícios, por onde o gás pode escapar para o ambiente. A despressurização e o rápido aumento do volume do gás provocam uma queda da temperatura deste, e em poucos minutos o líquido dentro da lata é resfriado.

Embora bastante interessante, esse tipo de recipiente não é recomendado para o uso diário, devido ao preço superior ao das latas comuns. Além disso, o volume de líquido contido nele é menor que o de uma lata comum do mesmo tamanho, pois cerca de 1/3 do volume total é ocupado pela "câmara de resfriamento".[10]

11- Certa vez ofereci a um amigo um sabonete artesanal, feito com essências amazônicas. Ele argumentou que um sabonete preto não iria deixar as mãos limpas. Isso é verdade?

Resposta: O sabonete pode limpar as mãos porque contém detergente. Este é composto por moléculas que têm um lado capaz de se ligar a substâncias polares, como a água, e outro capaz de se ligar a substâncias apolares, como gorduras. Assim, a sujeira, em geral composta de gordura,

---

Para saber mais sobre o assunto, leia:

[10] https://bit.ly/3dMe4sJ. Acesso em: mar. 2021.

fica ligada a um lado da molécula de detergente, e pode ser retirada por um fluxo d'água, quando a água se liga ao outro lado da molécula.

A cor preta do sabonete provém de um corante solúvel em água e não tinge as mãos.

A importância de se lavar frequentemente as mãos é que, além de retirar a sujeira, o detergente é capaz de quebrar as capas de gordura que envolvem a maioria das bactérias e dos vírus, evitando assim que se contraiam doenças.

Veja também a questão II-9.[11]

12- Guardei em uma garrafa PET várias pilhas usadas, para mais tarde levá-las a um local de coleta seletiva. Deixei a garrafa tampada, e alguns dias mais tarde notei que a garrafa estava "murcha". Por que isso aconteceu?

Resposta: Minha colega Nelcy, professora de Química, explica que as pilhas usadas contêm ácido em seu interior. As partes de metal da pilha sofrem uma reação de oxidação (que popularmente chamamos de ferrugem) mediada pelo ácido, e essa reação consome oxigênio, diminuindo o volume de ar contido na garrafa e fazendo com que as suas paredes se contraiam.[12]

Para saber mais sobre o assunto, leia:

[11] https://bit.ly/3s79k6s. Acesso em: mar. 2021.

[12] EBBING, Darrel D.; WRIGHTON, Mark S. *Química Geral.* v.1. 5. ed. Rio de Janeiro: LTC, 1998, cap. 3.

13- Por que, quando usamos um chuveiro elétrico, a água sai mais fria se abrirmos muito a torneira, e mais quente se a abrirmos pouco?

Resposta: Num chuveiro elétrico, a água é aquecida por uma resistência elétrica, colocada no interior do aparelho, que recebe corrente elétrica da rede doméstica. A potência gerada por essa resistência é fixa e depende da tensão da rede e do valor da resistência. Esse é o chamado **efeito Joule**.

Assim, se houver pouca água circulando (torneira pouco aberta), o calor gerado pela resistência poderá fazer com que a temperatura da água fique mais alta; e, se houver muita água circulando (torneira muito aberta), a mesma quantidade de calor não vai elevar tanto a temperatura da água.[13]

Para saber mais sobre o assunto, leia:

[13] MÁXIMO, Antônio; ALVARENGA, Beatriz. *Física – volume único.* 2. ed. São Paulo: Scipione, 2007, cap. 9.

Capítulo III

Viagens e transportes

1- Um funcionário da TV Globo Minas, durante uma reportagem sobre divulgação científica, relatou-me que já havia trabalhado como motorista de caminhões-tanque. Segundo ele, é muito mais difícil fazer uma curva com um caminhão cheio de líquido que com outro de mesmo peso, mas carregado de material sólido. Por que isso ocorre, e como se pode amenizar a situação?

Resposta: Quando um caminhão faz uma curva, uma carga sólida tende a acompanhar sua mudança de direção, pois suas moléculas estão fortemente ligadas umas às outras. O mesmo não acontece com a carga líquida, pois nesta as moléculas podem deslizar umas sobre as outras e não estão ligadas à parede do tanque. O líquido, por inércia, tende a continuar seu movimento em linha reta e pode fazer com que o caminhão se desequilibre. Para contornar essa situação, os caminhões-tanque possuem divisórias internas, mantendo o líquido em compartimentos separados e facilitando a mudança de direção.[1]

Para saber mais sobre o assunto, leia:

[1] HALLIDAY, D.; RESNICK, R.; KRANE, K. S. *Física 1*. 4. ed. Rio de Janeiro: LTC, 1996, cap. 5.

2- Minha amiga Loló me contou sobre sua viagem ao Pico da Bandeira, situado na divisa dos estados do Espírito Santo e de Minas Gerais. Há uma estrada bastante íngreme que leva ao topo do pico. Segundo ela, ao descer por essa estrada, todos os carros "perdem o freio" e são obrigados a parar na lanchonete/oficina mecânica situada ao pé da serra, onde os freios são reparados antes que os turistas retomem a estrada. Por que acontece o problema?

Resposta: O problema de "perda de freios" é mais frequente em caminhões pesados, porém, em casos extremos, como o relatado, pode também acontecer em carros de passeio.

O freio de um veículo funciona através do atrito entre este e as rodas, forçando-as a parar. Quando o motorista controla a velocidade durante uma descida pisando no freio, o aquecimento entre as partes faz com que, a partir de certa temperatura, o coeficiente de atrito entre o freio e a roda diminua, e a frenagem não seja mais efetiva. É a isso que chamamos "perder o freio". Quando as peças esfriam, o coeficiente de atrito volta ao seu valor inicial. Na verdade, o pessoal da oficina mecânica não precisa agir sobre os freios; basta que o cliente fique na lanchonete o tempo suficiente para que o freio esfrie.[2]

Para saber mais sobre o assunto, leia:

[2] CARVALHO, Regina Pinto de; HORTA GUTIÉRREZ, Juan Carlos. *O automóvel na visão da Física*. Belo Horizonte: Autêntica, 2013, p. 40.

3- Maria Eduarda, garota observadora, perguntou a seu pai Haroldo: por que, ao caminhar na areia molhada da praia, o local onde ela coloca cada pé fica seco, e, ao levantar o pé, ele parece ter mais água que antes?

Resposta: Um certo volume de areia apresenta intervalos entre os grãos, e a água pode preencher esses intervalos. Mas, perto do mar, há no solo mais água que a necessária para preencher os espaços, e o grãos se separam. A pressão do pé empurra o excesso de água para os lados, fazendo com que o nível da areia abaixe um pouco, e a marca do pé tenha aparência mais seca que o solo em volta. Ao tirar o pé, como o nível de areia no local ficou mais baixo, a água retorna, nivelando-se com o solo que está em volta. No lugar da pegada fica, então, um acúmulo de água na superfície; depois de algum tempo, a areia se acomoda, a pegada desaparece e o solo fica como era antes.

Veja também a questão V-6.[3]

4- Por que os saquinhos de salgadinhos distribuídos pelas companhias aéreas durante os voos ficam estufados?

Resposta: As embalagens dos alimentos foram lacradas na fábrica e contêm ar à pressão atmosférica. Dentro do avião em voo, a pressão atmosférica é menor que no solo. O ar contido nos saquinhos exerce uma pressão para fora, estufando-os.

Veja também a questão III-7.[4]

Para saber mais sobre o assunto, leia:

[3] https://bit.ly/3wH4cJM. Acesso em: mar. 2021.

[4] HALLIDAY, D.; RESNICK, R.; KRANE, K. S. *Física 2*. 4. ed. Rio de Janeiro: LTC, 1996, cap. 17.

5- Por que a pedra dourada de Myanmar (Birmânia), inclinada sobre um precipício, não cai?

Resposta: No alto do monte Kyaiktiyo, na Birmânia, pequeno país ao sul da China, encontra-se uma enorme rocha de granito, de cerca de 600 toneladas, considerada sagrada e inteiramente recoberta de folhas de ouro, levadas por peregrinos para seguir uma tradição local. Ela está inclinada na borda do precipício e faz contato com o solo apenas por uma pequena área, 40 vezes menor que a área de sua base. No entanto, a rocha se mantém no lugar há pelo menos 2.500 anos, sem cair. Isso ocorre porque a força de atrito entre a rocha e o solo é muito grande, devido ao enorme peso da pedra, e a inclinação do terreno não é suficiente para fazer com que ela deslize.[5]

6- Para que servem e como funcionam os moinhos de vento da Holanda?

Resposta: Desde a Idade Média a Holanda aumentou seu território cercando e drenando trechos do oceano costeiro. Por ser um local com ventos constantes, foram instalados moinhos que utilizam a energia dos ventos para moer grãos e, principalmente, para bombear a água desses trechos.

Os ventos acionam as grandes pás giratórias dos moinhos, e o movimento giratório é transferido para enormes "parafusos de Arquimedes". Estes são grandes estruturas em forma de espiral, colocadas no nível da água, inclinadas com relação à horizontal. A água se acumula na parte mais baixa do primeiro passo da espiral; quando esta gira, a água se desloca até alcançar a parte mais baixa do segundo passo da espiral, que está um pouco acima do primeiro.

Para saber mais sobre o assunto, leia:

[5] https://bit.ly/2PKc5gJ. Acesso em: mar. 2021.

Assim, com a rotação do parafuso, é possível fazer a água subir e ser coletada fora da área alagada.[6]

7- Em uma viagem de avião, minha amiga Adelina levou uma garrafa d'água que foi bebendo durante o voo, e a fechou quando estava vazia. Ao chegar a seu destino, tirou a garrafa da bolsa para descartá-la e notou que ela estava "amassada". O que pode ter acontecido?

Resposta: A pressão do ar diminui à medida que subimos na atmosfera. Dentro do avião, mesmo com as condições de pressurização que dão aos passageiros certo conforto, a pressão é menor que em solo. Como Adelina bebeu a água durante o voo, a garrafa foi preenchida pelo ar a uma pressão menor, e em seguida foi tampada. Em solo, como a pressão atmosférica era maior que a do interior, o ar externo foi capaz de comprimir as paredes da garrafa.

Veja também a questão III-4.[7]

8- Por que, quando o tempo está frio, soltamos "fumaça" durante a respiração?

Resposta: A respiração tem por finalidade fornecer oxigênio gasoso às células do nosso corpo e retirar o gás carbônico gerado por elas. Inspirado pelo nariz, o ar, rico em oxigênio, é filtrado, umedecido e aquecido à temperatura do corpo antes de ser levado até os pulmões, onde ocorre a troca do oxigênio por gás carbônico; em seguida, o ar retorna e é eliminado pela expiração.

Ao encontrar o ambiente externo, mais frio, a umidade contida na expiração se condensa em gotículas de água.

Para saber mais sobre o assunto, leia:

[6] https://bit.ly/2Qb4ibt. Acesso em: mar. 2021.

[7] HALLIDAY, D.; RESNICK, R.; KRANE, K. S. *Física 2*. 4. ed. Rio de Janeiro: LTC, 1996, cap. 17.

Esse fenômeno é mais visível quanto maior for a diferença entre a temperatura do ar expirado (igual à temperatura corporal) e a temperatura do ambiente, e por isso vemos a "fumaça" branca em nossa respiração em dias frios.

Veja também a questão I-18.[8]

9- Por que, em dias muito quentes, o asfalto parece estar molhado?

Resposta: Em dias muito quentes, o asfalto se aquece rapidamente e transfere calor para as camadas de ar próximas a ele. O ar nessa região fica menos denso e tende a desviar os raios de luz que o atravessam, através do fenômeno denominado refração. Havendo uma grande mudança na densidade, o desvio pode ser tal que a luz não penetra nas camadas inferiores e sofre reflexão. O que se vê, então, é luz sendo refletida pelo asfalto quente, dando a impressão de que ele está molhado.

O mesmo fenômeno pode acontecer sobre as areias quentes de um deserto, dando a impressão de haver água sobre a areia e criando as conhecidas miragens.[9]

10- Porque nas cidades costeiras o clima é mais ameno que no interior do continente?

Resposta: Estamos habituados a observar que cidades à beira-mar têm invernos menos frios e verões menos quentes que no interior do continente. Isso acontece porque a água tem uma variação menor da sua temperatura ao absorver ou emitir calor que o solo. Assim, durante o verão, o ar acima do oceano é mais fresco e ameniza a temperatura da região costeira. Durante o inverno, o calor

---

Para saber mais sobre o assunto, leia:

[8] https://bit.ly/3t0Dnhn. Acesso em: mar. 2021.

[9] HEWITT, Paul G. *Física conceitual.* 11. ed. Porto Alegre: Bookman, 2011, cap. 28.

armazenado na água faz com que o ar seja menos frio e torne a temperatura da costa mais agradável.

Este fenômeno está relacionado com o **calor específico** de cada material.[10]

Para saber mais sobre o assunto, leia:

[10] MÁXIMO, Antônio; ALVARENGA, Beatriz. *Física – volume único*. 2. ed. São Paulo: Scipione, 2007, cap. 8.

CAPÍTULO IV

Lazer e esportes

1- O estudante de Física Wagner de Souza é fã de capoeira e pergunta: por que os capoeiristas estendem os braços ao aplicar um golpe no adversário com as pernas?

Resposta: Os capoeiristas assim o fazem para manter mais facilmente o equilíbrio: quando a massa de um objeto está mais longe do centro de rotação, é necessário um torque maior para que esse objeto gire. Ao aplicar um golpe com uma das pernas, o capoeirista fica sujeito a uma rotação em torno da perna que está apoiada, devido ao seu peso. Abrindo os braços, parte de sua massa fica afastada do centro de rotação, e ele pode impedir o desequilíbrio usando a força dos seus músculos.[1]

Para saber mais sobre o assunto, leia:

[1] HALLIDAY, D.; RESNICK, R.; KRANE, K. S. *Física 1*. 4. ed. Rio de Janeiro: LTC, 1996, cap. 12.

2- Por que acontecem tantos empates nas competições de natação de alto nível?

Resposta: Nas competições de natação, o tempo em que cada nadador percorre o trajeto na piscina é medido por um cronômetro, que inicia a contagem na largada da prova e termina quando o atleta toca o ponto final do trajeto. Atualmente se podem obter cronômetros com uma precisão de milésimos de segundos, ou menor.

No entanto, não se consegue uma precisão tão grande no tamanho das piscinas: existe uma tolerância de 3 cm na medida do seu tamanho oficial, pois a piscina pode se dilatar ou contrair dependendo da temperatura ambiente, da temperatura da água e até mesmo do número de pessoas dentro dela. Um nadador de alto nível percorre essa distância em cerca de um centésimo de segundo. Então, se a diferença entre o tempo de percurso de dois nadadores for menor que esse valor, a disputa é considerada empatada, pois não se pode garantir que um dos atletas tenha percorrido uma distância menor que o outro.[2]

3- Por que, nas corridas de 100 m rasos, os atletas iniciam a competição abaixados?

Resposta: No início da corrida, o atleta precisa acelerar seu corpo para, partindo do repouso, alcançar sua velocidade máxima, no menor tempo possível. A posição abaixada permite que haja menos resistência do ar

Para saber mais sobre o assunto, leia:

[2] https://bit.ly/2PORWGa. Acesso em: mar. 2021.

ao seu movimento. Após o primeiro impulso, o corredor se levanta para obter a maior eficiência dos seus músculos e manter a velocidade da corrida.[3]

4- O professor de Física Paulo Geovany se indaga por que um bastão de madeira, mesmo caindo em pé na água, passa em seguida a boiar deitado.

Resposta: Como a madeira é menos densa que a água, o bastão mergulhado na água sofrerá uma força para cima, que chamamos de empuxo. Ela é maior quanto maior for a profundidade.

Se o bastão cair em pé, a sua parte inferior sofrerá um empuxo maior que a parte superior; isso fará com que ele gire, até que esteja todo no mesmo nível, quando as forças peso e empuxo estarão equilibradas.

Veja também a questão IX-5.[4]

5- Os torcedores de futebol notam que em dias secos não se escuta da arquibancada o apito do juiz, porém este pode ser ouvido em dias úmidos. Por que isso acontece?

Resposta: O som se propaga melhor, com mais velocidade e menos perda, se o meio gasoso em que se desloca for menos denso. O ar é composto principalmente de moléculas de oxigênio (O_2) e nitrogênio (N_2). Em dias úmidos existem moléculas de água (H_2O) dissolvidas no ar. A massa molecular da água é menor que as do oxigênio e do nitrogênio, então o ar úmido é menos denso que o ar seco e propaga melhor o som.[5]

Para saber mais sobre o assunto, leia:

[3] MÁXIMO, Antônio; ALVARENGA, Beatriz. *Física – volume único*. 2. ed. São Paulo: Scipione, 2007, cap. 3.

[4] MÁXIMO, Antônio; ALVARENGA, Beatriz. *Física – volume único*. 2. ed. São Paulo: Scipione, 2007, cap. 5.

[5] HALLIDAY, D.; RESNICK, R.; KRANE, K. S. *Física 2*. 4. ed. Rio de Janeiro: LTC, 1996, cap. 20.

6- Por que as rodas de carruagens parecem estar girando ao contrário nos filmes de faroeste?

Resposta: Um filme de cinema é constituído por uma série de fotografias, cada uma ligeiramente diferente da anterior; elas são projetadas rapidamente, e nosso cérebro as interpreta como se fossem apenas uma imagem, em movimento.

Se o tempo entre uma imagem e a seguinte for menor que o tempo em que a roda da carruagem dá uma volta, cada imagem apresentará a roda com seus aros em uma posição um pouco recuada com relação à imagem anterior, e teremos a impressão de que a roda gira para trás.[6]

7- Por que é perigoso entrar no mar quando há uma tempestade com raios?

Resposta: A água do mar contém sais, principalmente cloreto de sódio (sal de cozinha). Em solução na água, os sais se separam em íons, o que torna a água do mar um bom condutor elétrico.

Um raio consiste na passagem de corrente elétrica entre o solo e as nuvens; se um raio cair no mar, a corrente pode ser transmitida e atingir uma pessoa que esteja dentro da água, provocando um acidente sério.[7]

8- O estudante Wagner também pergunta: como é produzido o som do berimbau?

Resposta: O berimbau, instrumento musical de origem africana, usado nas rodas de capoeira, consiste em uma corda metálica presa a um arco de bambu. Essa corda vibra

---

Para saber mais sobre o assunto, leia:

[6] https://bit.ly/2RmEUQZ. Acesso em: mar. 2021.

[7] MÁXIMO, Antônio; ALVARENGA, Beatriz. *Física – volume único.* 2. ed. São Paulo: Scipione, 2007, cap. 9.

quando é golpeada por um pequeno bastão de madeira. As vibrações são transmitidas para o ar como ondas sonoras, e o som é amplificado por uma cabaça oca, presa à corda por um barbante de algodão. Para alterar a tonalidade do som emitido, usa-se uma moeda que desliza sobre a corda e modifica o tamanho da seção que vai vibrar, definindo assim as frequências emitidas.[8]

9- Meu amigo Luís pergunta se, no espaço, o som e o brilho de naves explodindo podem realmente ocorrer, como nos filmes de guerra nas estrelas.

Resposta: Sabemos que as ondas sonoras precisam de um meio material para se deslocar. No entanto, as ondas luminosas, que são ondas eletromagnéticas, podem se propagar sem a presença de um meio físico.

No espaço não há um meio para a propagação do som, mas a luz pode se propagar; então, na explosão de uma nave, um observador externo poderá ver um clarão, mas não ouvirá nenhum som.

Veja também a questão VI-1.[9]

Para saber mais sobre o assunto, leia:

[8] HALLIDAY, D.; RESNICK, R.; KRANE, K. S. *Física 2*. 4. ed. Rio de Janeiro: LTC, 1996, cap. 20.

[9] MÁXIMO, Antônio; ALVARENGA, Beatriz. *Física – volume único*. 2. ed. São Paulo: Scipione, 2007, cap. 11 e cap. 12.

Capítulo V

Na cozinha

1- Minha prima Cecília perguntou por que, ao tentar cozinhar um ovo no forno de micro-ondas, ele explode.

Resposta: Durante o cozimento, forma-se no ovo uma película sólida externa, mesmo que o interior ainda esteja em estado líquido. Como a micro-onda penetra no interior do ovo, a parte líquida esquenta rapidamente, e a água ali contida se evapora, mas não pode escapar, pois está presa pela película. A pressão interna aumenta até que a película se rompe, espalhando pedaços de ovo por todo o forno.

Numa frigideira, isso não ocorre, porque o ovo vai se solidificando à medida que o calor penetra, vindo do exterior, enquanto a parte líquida do interior ainda não atingiu a temperatura necessária para evaporar.[1]

Para saber mais sobre o assunto, veja:

[1] MÁXIMO, Antônio; ALVARENGA, Beatriz. *Física – volume único*. 2. ed. São Paulo: Scipione, 2007, cap. 7.

2- Meu irmão Otávio observou que, ao colocar refrigerante quente em um copo com gelo, há a formação de muita espuma no copo. No entanto, se o líquido for colocado primeiramente e o gelo em seguida, forma-se menos espuma. Por que isso acontece?

Resposta: A espuma do refrigerante é formada por bolhas de gás carbônico (CO_2), que foi previamente dissolvido no líquido, e que se soltam com o movimento. Colocando primeiramente o gelo, haverá mais movimento, enquanto o liquido enche o copo, e o gás se soltará, formando a espuma. Se o gelo for colocado depois, no líquido em repouso, somente a porção superior do líquido entrará em contato com o gelo e sofrerá alguma movimentação; menos bolhas de gás se desprenderão, e será formada menos espuma.[2]

3- Adilson, que trabalha com divulgação científica e também gosta de festejar com cerveja bem gelada, quer saber por que o líquido vira gelo quando a garrafa é aberta.

Resposta: Meu colega José Guilherme me ajuda a responder: isso se deve ao fenômeno de super-resfriamento, que consiste em se resfriar um líquido a uma temperatura um pouco abaixo do seu ponto de congelamento, mantendo-o no estado líquido, desde que ele não sofra agitação. O líquido está num estado metaestável, e uma agitação pode tirá-lo desse estado. Assim, quando a garrafa é aberta, o calor das mãos e o movimento da garrafa fazem com que o líquido congele imediatamente.[3]

Para saber mais sobre o assunto, leia e assista:

[2] EBBING, Darrel D.; WRIGHTON, Mark S. *Química geral.* v. 1. 5. ed. Rio de Janeiro: LTC, 1998, cap. 12.

[3] https://bit.ly/3wH6AjI. Acesso em: mar. 2021.

4- Em viagem ao Rio Grande do Sul, aprendi que, para fazer o chimarrão, não se usa água fervente; ela deve ser um pouco mais fria. O ponto ideal é quando a chaleira começa a "chiar". Que temperatura é essa?

Resposta: A água deve estar a uma temperatura próxima de 80 °C. Mas não é preciso usar um termômetro, pois sabe-se que, próximo dos 80 °C, o ar dissolvido na água começa a ser liberado, e ouvimos o chiado característico na chaleira.

Se a temperatura da água estiver próxima de 100 °C (água fervente), será dissolvida uma grande quantidade de taninos presentes nas folhas de mate. Eles deixam um gosto amargo na bebida.[4]

Para saber mais sobre o assunto, leia:

[4] EBBING, Darrel D.; WRIGHTON, Mark S. *Química geral.* v. 1. 5. ed. Rio de Janeiro: LTC, 1998, cap. 12.
https://bit.ly/3wBVD2L. Acesso em: mar. 2021.

5- O professor Fernando, da PUC-SP, pergunta-me se esfriar uma garrafa de vinho na água com sal é mais eficiente que na água pura.

Resposta: Sim, mas isso só vai acontecer se a garrafa for colocada na solução no momento em que a mistura for feita. Para se dissolver, o sal retira da água a energia necessária para quebrar as ligações químicas entre seus íons. Isso abaixa a temperatura da solução, com relação à temperatura original da água, esfriando mais a garrafa de vinho.[5]

6- Desde criança aprendi que, sacudindo uma bacia de jabuticabas, as maiores ficarão por cima. Por que isso acontece?

Resposta: Esse é o chamado "efeito castanha-do-pará", porque também ocorre nas latas de castanhas mistas: quando são sacudidas, as castanhas menores (amendoins, amêndoas) vão para o fundo da lata, e as castanhas-do-pará, maiores, ficam na superfície. Isso acontece porque as castanhas, ou jabuticabas, menores podem penetrar em pequenos interstícios e se compactar no fundo do recipiente; as maiores não conseguem penetrar nos espaços deixados pelas outras e permanecem na superfície.

Veja também a questão III-3.[6]

7- No programa de TV *Trilhas do Sabor* foi mostrada a fabricação do queijo mineiro, que durante a "cura" é coberto com sal para eliminar parte da água. Os queijos menores recebem salmoura (solução concentrada de

---

Para saber mais sobre o assunto, leia:

[5] EBBING, Darrel D.; WRIGHTON, Mark S. *Química geral.* v. 1. 5. ed. Rio de Janeiro: LTC, 1998, cap. 12.

[6] https://bit.ly/3sW8VEZ. Acesso em: mar. 2021.

água e sal), enquanto os queijos grandes são salgados "a seco". Por que se usam procedimentos diferentes nos dois casos?

Resposta: A quantidade de água contida no queijo depende do seu volume, mas a sua eliminação depende da área superficial. A razão entre o volume e a área superficial é diferente para objetos de tamanhos diferentes, pois a área varia com o quadrado da dimensão linear, e o volume varia com o cubo dessa dimensão. Por exemplo, se o raio de um queijo grande for o dobro do raio de um queijo pequeno, sua área superficial será quatro vezes maior, enquanto seu volume será oito vezes maior. O queijo grande recebe sal em sua superfície e perde a quantidade desejada de água. Mas, se o queijo pequeno receber sal da mesma forma, perderá muita água; ele, então, recebe salmoura, eliminando menos água que no caso anterior.

Veja também a questão V-10.[7]

8- Por que os chefes de cozinha colocam um pano embaixo da tábua de picar legumes?

Resposta: Normalmente, as bancadas onde os alimentos são preparados são feitas de material liso (mármore, granito, aço, fórmica etc.), próprio para que se possa fazer uma boa limpeza após o uso. O movimento da faca sobre a tábua de picar legumes faz com que a tábua deslize sobre a bancada. Colocando-se um pano, aumenta-se o atrito entre as duas superfícies, e os legumes podem ser fatiados em segurança.[8]

Para saber mais sobre o assunto, leia:

[7] HEWITT, Paul G. *Física conceitual.* 11. ed. Porto Alegre: Bookman, 2011, p. 223.

[8] MÁXIMO, Antônio; ALVARENGA, Beatriz. *Física – volume único.* 2. ed. São Paulo: Scipione, 2007, cap. 3.

9- O que é mais conveniente para se fazer um cozido: uma panela grossa ou uma fina? E para fazer uma fritura?

Resposta: Uma panela grossa demora mais a esquentar, mas mantém a temperatura por mais tempo; ela é conveniente para a preparação de pratos que levam muito tempo para ficarem prontos.

Na panela fina, o calor do fogão passa rapidamente para a parte externa do alimento, tornando-a crocante, e não há tempo para alterar consideravelmente a parte interna; esse tipo de panela é útil para frituras.[9]

10- Por que o café preparado com pó mais fino fica mais forte que com o pó mais grosso?

Resposta: O café resulta da interação entre o pó e a água quente, que retira a essência da superfície dos grãos. Meu colega Marcos me lembra que a relação entre superfície e volume não é a mesma quando mudamos o tamanho de um objeto: por exemplo, se o diâmetro de um grão for 2 vezes menor que o de outro, sua superfície será 4 vezes menor (a superfície depende do quadrado do diâmetro), enquanto seu volume será 8 vezes menor (o volume depende do cubo do diâmetro). Assim, o volume do grão maior equivale a 8 grãos pequenos; a superfície dos 8 grãos pequenos será igual a 8/4 = 2 vezes a superfície do grão maior. Considerando o mesmo volume de grãos, se eles forem pequenos, terão mais superfície que se forem grandes. Ao percolar pelo pó, a água poderá interagir melhor com os grãos menores, resultando em um café mais forte.

A relação superfície/volume é importante quando se estudam as nanopartículas, que são partículas de tamanho

---

Para saber mais sobre o assunto, leia:

[9] MÁXIMO, Antônio; ALVARENGA, Beatriz. *Física – volume único*. 2. ed. São Paulo: Scipione, 2007, cap. 8.

nanométrico (1 nanômetro = 10^{-9} m = 10^{-6} mm, ou um milionésimo de milímetro). Nessa escala, os fenômenos de superfície se tornam muito importantes e têm chamado a atenção de físicos e outros cientistas.

Veja também a questão V-7.[10]

11- Por que os picolés industriais são resfriados rapidamente a temperaturas muito baixas?

Resposta: Os picolés são preparados resfriando-se uma mistura que contém suco de frutas, açúcar e uma grande quantidade de água. Se o resfriamento for lento, haverá tempo para que a água elimine o açúcar e demais componentes da mistura, formando grandes cristais de gelo. Se a mistura for resfriada rapidamente, a uma temperatura muito baixa, os cristais serão pequenos e conterão os componentes que dão sabor ao picolé.

Normalmente, o processo industrial funciona a uma temperatura de -40 °C.[11]

Para saber mais sobre o assunto, leia:

[10] HEWITT, Paul G. *Física conceitual*. 11. ed. Porto Alegre: Bookman, 2011, p. 223.

[11] https://bit.ly/3cXAgB9 Acesso em: mar. 2021.

Capítulo **VI**

O que vemos e o que ouvimos

1- Minha amiga Maristela, bióloga, pergunta-me qual a diferença entre ondas sonoras e ondas de luz.

Resposta: Ondas sonoras são ondas de pressão, que precisam de um meio material para se propagar; quando a variação de pressão ocorre em uma faixa de frequências determinada, pode ser detectada por nossos ouvidos, onde pequenos pelos e membranas vibram com a variação de pressão; essa vibração é transformada em sinais elétricos, interpretados pelo cérebro como sons e ruídos.

Já as ondas de luz são ondas eletromagnéticas, que não precisam de um meio físico para se propagar; consistem nas variações periódicas de campos elétricos e magnéticos; numa pequena faixa de frequências, essas ondas podem ser detectadas por nossos olhos, onde células fotossensíveis (sensíveis à luz) transformam a luz incidente em sinais elétricos, interpretados pelo cérebro como sendo as diversas cores.

Veja também a questão IV-9.[1]

Para saber mais sobre o assunto, leia:

[1] MÁXIMO, Antônio; ALVARENGA, Beatriz. *Física – volume único*. 2. ed. São Paulo: Scipione, 2007, cap. 11 e cap. 12.

2- Em uma oficina sobre instrumentos musicais, uma colega se admirou ao notar que, batendo com uma colher em copos que contenham quantidades diferentes de água, era possível obter sons de timbres variados. Por que isso ocorre?

Resposta: Ao bater com a colher no copo, este vibra em diversas frequências. Algumas dessas frequências são amplificadas pela coluna de ar dentro do copo. Com quantidades diferentes de água em diversos copos, os tamanhos da coluna de ar serão diferentes, e cada copo vai amplificar um conjunto diferente de frequências, dando ao som um timbre diferente.[2]

3- Durante um festival de inverno que tinha como tema a luz na arte, foi produzida uma instalação com projetores luminosos e fumaça produzida por "gelo seco". Uma visitante me relatou que a fumaça era atraída pelos focos de luz. Isso pode acontecer?

Resposta: Na verdade, a fumaça preencheu todo o espaço da instalação, mas só podia ser vista quando luz incidente sobre ela era refletida até os nossos olhos. Por isso, a visitante teve a impressão que só existia fumaça ao longo do feixe de luz emitido pelo projetor e concluiu que ela era atraída pela luz.[3]

Para saber mais sobre o assunto, leia:

[2] MÁXIMO, Antônio; ALVARENGA, Beatriz. *Física – volume único.* 2. ed. São Paulo: Scipione, 2007, cap. 11.

[3] MÁXIMO, Antônio; ALVARENGA, Beatriz. *Física – volume único.* 2. ed. São Paulo: Scipione, 2007, cap. 12.

4- Por que a luz do Sol, passando entre as folhas de uma árvore, faz manchas redondas no chão?

Resposta: Quando as folhas estão muito próximas, existem entre elas apenas alguns interstícios, que vão funcionar como câmaras escuras, também denominadas "câmaras *pinhole*", da palavra em inglês para "furo de alfinete". Ao passar por um pequeno orifício, os raios de luz formam em um anteparo uma imagem da fonte de luz. O que vemos no chão são imagens do Sol, projetadas pelos inúmeros interstícios existentes entre as folhas.[4]

5- A alexandrita é uma pedra preciosa que foi descoberta em uma mina russa e nomeada em homenagem ao imperador russo Alexandre II. Na penumbra da mina ela parecia ter uma coloração vermelha profunda, mas, ao ser trazida à superfície, sua cor era azul. Como se pode explicar isso?

Resposta: Essa gema é composta do mineral crisoberilo, um aluminato de berílio ($BeO.Al_2O_3$), em que cerca de 1% dos íons de alumínio foi substituído por íons de cromo. Devido às suas ligações com os outros elementos da estrutura, os íons de cromo absorvem fortemente a luz na região amarela do espectro visível. Iluminada pelas tochas dos mineiros, que continham comprimentos de onda amarelos e vermelhos, mas muito pouco azul, a gema absorvia o amarelo e transmitia apenas o vermelho. No entanto, a luz do Sol contém muito mais intensidade de luz azul que as tochas; os comprimentos de onda azuis transmitidos pela gema deram a ela a tonalidade azul à luz do dia.[5]

Para saber mais sobre o assunto, leia:

4 HEWITT, Paul G. *Física conceitual*. 11. ed. Porto Alegre: Bookman, 2011, p. 508.

5 ZUMDAHL, Steven S. *Chemistry*. 3rd ed. Lexington: D. C. Heath and Company, 1993, p. 967.

6- Por que as paredes de salas de cirurgia e as roupas dos profissionais de saúde são de cor azul claro (ciano), e não brancas?

Resposta: Os profissionais de saúde, durante um procedimento cirúrgico, olham muito tempo para o sangue ou as vísceras vermelhas. Ao desviar os olhos para uma superfície branca, eles poderiam enxergar manchas, pois seus olhos perderiam momentaneamente a sensibilidade para a cor vermelha, e veriam a cor complementar do vermelho (ciano). Se a superfície tem essa cor, não serão vistas manchas, que poderiam desviar sua atenção do importante trabalho que estão realizando.[6]

7- Arquitetos e artistas classificam os tons avermelhados como "cores quentes", e os tons azulados como "cores frias". Os físicos dizem o oposto: estrelas vermelhas têm temperatura mais baixa, e estrelas branco-azuladas são mais quentes. Quem está certo?

Resposta: Na verdade, todos estão certos, e apenas atribuem as cores a fenômenos diferentes. Para os arquitetos e artistas, a cor azul lembra água (frio), e a vermelha lembra fogo (calor). Mas os físicos sabem que os corpos em geral, quando aquecidos, emitem luz em comprimentos de onda inversamente proporcionais à sua temperatura: a temperaturas

Para saber mais sobre o assunto, leia:

[6] HEWITT, Paul G. *Física conceitual.* 11. ed. Porto Alegre: Bookman, 2011, cap. 27.

mais baixas, emitem comprimentos de onda maiores (vermelho), enquanto a temperaturas mais altas o corpo vai emitir comprimentos de onda menores (azul). Assim, pode-se deduzir que estrelas vermelhas são menos quentes que estrelas azuis.[7]

8- Por que a fumaça que vemos com árvores ao fundo parece esbranquiçada, mas fica escura quando a vemos com o céu ao fundo?

Resposta: A fumaça é constituída de partículas que absorvem muito da luz incidente e espalham uma pequena quantidade dessa luz. O que vemos, então, depende do contraste com o fundo: as árvores propiciam um fundo escuro, e podemos distinguir a pouca luz espalhada pela fumaça. Porém, no fundo claro do céu, a luz espalhada tem muito menos intensidade que a proveniente do céu, e assim a fumaça aparece mais escura que o que está em volta.[8]

9- Como funciona o olho humano?

Resposta: Basicamente, o olho humano possui uma lente (cristalino), que projeta a imagem dos objetos sobre um anteparo (retina). Para que a imagem seja nítida, os músculos dos olhos são capazes de alterar a forma do cristalino, mudando sua distância focal e permitindo que a imagem seja sempre projetada sobre a retina. Quando há um defeito de visão, é preciso usar lentes corretoras para assegurar a projeção da imagem adequadamente.[9]

Para saber mais sobre o assunto, leia:

[7] HALLIDAY, D.; RESNICK, R.; KRANE, K. S. *Física 4*. 4. ed. Rio de Janeiro: LTC, 1996, cap. 49.

[8] HEWITT, Paul G. *Física conceitual*. 11. ed. Porto Alegre: Bookman, 2011, cap. 27.

[9] MÁXIMO, Antônio; ALVARENGA, Beatriz. *Física – volume único*. 2. ed. São Paulo: Scipione, 2007, cap. 12.

10- Durante um simpósio de ensino de Física, o participante Ricardo me perguntou qual a vantagem de se usar óculos com lentes polarizadoras.

Resposta: Sabemos que a luz refletida é polarizada. Em locais com alta refletividade (areia de praias ou campos cobertos de neve), as lentes polarizadoras são capazes de impedir a passagem de grande parte da luz refletida no solo, proporcionando conforto visual.[10]

11- Os animais enxergam as mesmas faixas do espectro eletromagnético que os seres humanos?

Resposta: O ser humano consegue enxergar luz numa faixa que vai do vermelho (comprimentos de onda maiores) ao violeta (menores comprimentos de onda). Os animais, no entanto, enxergam em faixas diferentes do espectro.

Por exemplo, cachorros e gatos são sensíveis aos comprimentos de onda entre o amarelo e o azul, e um pouco no ultravioleta. Alguns insetos, aves e peixes também enxergam na faixa ultravioleta, sendo cegos ao vermelho. Cobras enxergam no infravermelho e podem localizar suas presas no escuro, pois detectam o calor emitido por seus corpos.

Veja também a questão VI-13.[11]

Para saber mais sobre o assunto, leia:

[10] HEWITT, Paul G. *Física conceitual.* 11. ed. Porto Alegre: Bookman, 2011, cap. 29.

[11] https://bit.ly/3cWxITL. Acesso em: mar. 2021.

12- Por que a chama de uma vela é amarelada, e a do fogão a gás é azulada?

Resposta: A chama é o resultado da reação do oxigênio do ar com hidrocarbonetos (cera da vela, gás de cozinha etc.). Essa reação libera energia na forma de luz e calor.

Se houver pouco oxigênio disponível para a reação, teremos a chamada oxidação incompleta, que produz uma chama de temperatura um pouco mais baixa. Isso ocorre na chama de uma vela, em que, na parte superior, encontram-se partículas de carbono que não foram oxidadas e se comportam como um corpo negro, emitindo luz principalmente na região amarelo-avermelhada. O objetivo de se usar uma vela é a iluminação, embora haja também emissão de calor.

No fogão, no entanto, deseja-se obter uma temperatura mais alta, e não é necessário se ter iluminação. Então, a entrada de ar é regulada a fim de se ter oxigênio suficiente para a combustão completa. Nesse caso, a temperatura alcançada é mais alta; moléculas de C_2 e CH, provenientes do gás, são excitadas e emitem luz na região azul.

Observação: é possível notar que na parte inferior da chama da vela existe uma pequena região azulada, onde há maior aporte de oxigênio e a combustão é completa.[12]

13- Muitas pessoas instalam lâmpadas amarelas em áreas externas, para repelir insetos. Essas lâmpadas funcionam realmente para esse fim?

Resposta: Na verdade, a luz amarela não repele os insetos. Eles enxergam principalmente nas faixas ultravioleta

Para saber mais sobre o assunto, leia:

[12] HALLIDAY, D.; RESNICK, R.; KRANE, K. S. *Física 4*. 4. ed. Rio de Janeiro: LTC, 1996, cap. 49.

e azul, sendo cegos para as frequências de amarelo e vermelho. Assim, não enxergam as lâmpadas dessas cores e não são atraídos por elas.

Veja também a questão VI-11.[13]

14- Os animais têm a mesma sensibilidade auditiva que os humanos?

Resposta: Nem sempre. Normalmente, os seres humanos conseguem ouvir sons com frequências entre 20 Hz (sons graves) e 20.000 Hz (sons agudos), variando de acordo com o indivíduo e com a idade. Alguns animais, no entanto, são sensíveis a frequências acima de 20.000 Hz, chamadas de ultrassons; morcegos, cachorros e gatos são exemplos desses animais. E os elefantes são capazes de ouvir sons com frequências abaixo de 20 Hz (infrassons).

Veja também a questão VIII-7.[14]

Para saber mais sobre o assunto, leia:

[13] https://bit.ly/31WIt29. Acesso em: mar. 2021.

[14] https://bit.ly/3fWR8K6. Acesso em: mar. 2021.

15- Como é o olho de uma mosca?

Resposta: Os olhos das moscas, e de diversos outros insetos, são formados por milhares de pequenas lentes, localizadas ao redor da cabeça do inseto. Cada lente projeta uma imagem em um conjunto diferente de células sensíveis à luz. A imagem final obtida não é tão nítida quanto a formada pelo olho humano, mas abrange um maior campo de visão, o que é útil durante o voo, para que o inseto possa se proteger de predadores ou alcançar suas presas.[15]

Para saber mais sobre o assunto, leia:

[15] https://bit.ly/3dNKeEb. Acesso em: mar. 2021.

CAPÍTULO VII

Brinquedos

1- O que é e como funciona o brinquedo chamado "pêndulos de Newton"?

Resposta: Esse brinquedo consiste em várias bolinhas idênticas, amarradas em fila a um suporte, e que podem oscilar. Se levantarmos e soltarmos a primeira, ela se chocará com a segunda, cedendo a ela sua energia; a segunda vai ceder sua energia à terceira, e assim por diante, até que a última recebe a energia e sobe à mesma altura da qual a primeira saiu, havendo apenas pequenas perdas durante o processo.[1]

2- Por que um pião parece balançar enquanto gira?

Resposta: Quando um objeto gira em torno de um eixo de rotação, uma força externa pode mudar a direção desse eixo. O peso do pião sempre atua sobre ele, e, a menos que o eixo de rotação seja vertical, a força peso poderá alterar sua direção, fazendo o pião dançar.[2]

Para saber mais sobre o assunto, leia:

[1] MÁXIMO, Antônio; ALVARENGA, Beatriz. *Física – volume único*. 2. ed. São Paulo: Scipione, 2007, p. 240.

[2] HALLIDAY, D.; RESNICK, R.; KRANE, K. S. *Física 1*. 4. ed. Rio de Janeiro: LTC, 1996, cap. 13.

3- Meu amigo Cândido pergunta: por que as bolas de sabão são coloridas?

Resposta: As bolas de sabão são formadas por uma fina camada de água com sabão; parte da luz que incide sobre essa película é refletida na parede externa, outra parte penetra na película e é refletida na parede interna, podendo voltar para o exterior da película; temos então dois raios de luz: um deles foi refletido diretamente pela parede; o outro, que percorreu um caminho ligeiramente maior, foi refletido dentro da parede e, ao sair, interfere com o primeiro. Essa interferência intensifica a luz de alguns comprimentos de onda (algumas cores) e anula a de outras cores, dependendo da espessura da parede. Assim, a bolha se mostra colorida quando iluminada por luz branca.

Veja também a questão II-9.[3]

4- Cândido quer também saber como funciona o "jogo do bafo".

Resposta: Esse jogo consiste na disputa entre dois ou mais adversários por figurinhas de coleção: elas são dispostas sobre uma superfície lisa, e cada jogador bate com a mão sobre a imagem desejada. Se o jogador conseguir levantá-la, será seu novo proprietário.

A tática consiste em bater com a mão de forma a expulsar o ar existente entre esta e a figurinha, criando assim uma região onde a pressão é menor que a atmosférica. Assim, a figurinha fica presa à mão, sobe com ela e pode ser retirada pelo jogador.[4]

Para saber mais sobre o assunto, leia:

[3] HEWITT, Paul G. *Física conceitual*. 11. ed. Porto Alegre: Bookman, 2011, cap. 29.

[4] MÁXIMO, Antônio; ALVARENGA, Beatriz. *Física – volume único*. 2. ed. São Paulo: Scipione, 2007, cap. 5.

5- Ganhei de minha amiga Adelina um boneco "esperto": quando aproximamos de sua boca uma pequena garrafa de cachaça, ele vira o rosto na direção da garrafa, e quando oferecemos outra, de leite, ele vira o rosto na direção contrária. Qual deve ser o mecanismo de funcionamento do brinquedo?

Resposta: Na boca do boneco e no interior das garrafas são colocados ímãs, com um dos polos virado para o exterior. Na garrafa de leite, o polo do ímã voltado para o exterior é o mesmo da boca do boneco, então os dois se repelem – o boneco vira o rosto para se afastar do leite. Na garrafa de cachaça, o ímã tem o polo exterior inverso ao da boca do boneco, e os dois se atraem – o boneco vira o rosto para se aproximar da cachaça.[5]

6- O que é um balão ecológico e como ele funciona?

Resposta: O balão ecológico é um balão que não transporta fogo, para evitar incêndios na queda. Além disso, é feito com material biodegradável (papel, bambu, cordas de algodão), para que se decomponha caso caia em uma floresta.

Para que ele suba, o ar interior é aquecido com um maçarico antes da largada; assim como nos balões tradicionais, o ar interno fica menos denso que o externo, e o balão sobe. A parte superior do balão é pintada de preto. Ela absorve o calor do Sol e mantém o ar interno aquecido.

Como esse balão precisa da luz solar para manter o ar interior aquecido, ele só funciona durante o dia.[6]

Para saber mais sobre o assunto, leia:

[5] MÁXIMO, Antônio; ALVARENGA, Beatriz. *Física – volume único.* 2. ed. São Paulo: Scipione, 2007, cap. 10.

[6] MÁXIMO, Antônio; ALVARENGA, Beatriz. *Física – volume único.* 2. ed. São Paulo: Scipione, 2007, p. 171. https://bit.ly/2Oz47GI. Acesso em: mar. 2021.

7- Temos mais uma dúvida do Cândido: como as pipas são capazes de se manter no ar?

Resposta: A pipa fica no ar devido à força do vento. Ela deve ficar ligeiramente inclinada com relação à direção do vento. Dessa forma, a força do vento sobre a pipa terá duas componentes: uma empurra a pipa para trás, e por isso ela deve estar bem segura pela corda; a outra faz o vento deslizar para baixo sob a pipa; esta sofrerá uma força para cima que anula o seu peso.[7]

Para saber mais sobre o assunto, leia:

[7] HEWITT, Paul G. *Física conceitual*. 11. ed. Porto Alegre: Bookman, 2011, cap. 14.

CAPÍTULO **VIII**

Gentes, bichos e plantas

1- Meu amigo Cândido tem mais uma dúvida: como um beija-flor consegue ficar parado no ar?

Resposta: O beija-flor pode bater as asas muito rapidamente – até 200 vezes por segundo –, e o movimento de suas asas fornece o impulso necessário para mantê-lo no ar.

As juntas entre as asas e o corpo do beija-flor permitem que ele faça movimentos circulares com as asas. Ele as movimenta para baixo, com o plano das asas praticamente na horizontal, empurrando o ar de forma a receber uma forte sustentação. Ao movimentar as asas para cima, o beija-flor as inclina, empurrando o ar lateralmente e recebendo uma pequena sustentação.[1]

Para saber mais sobre o assunto, leia:

[1] https://bit.ly/3wDVfAN. Acesso em: mar. 2021.

2- Por que em dias frios as nossas mãos ficam mais frias que o resto do corpo?

Resposta: Para manter o aquecimento dos órgãos internos, nosso organismo libera um hormônio que contrai os vasos sanguíneos nas extremidades (mãos e pés). Dessa forma, há menos fluxo de sangue nessas regiões, e, em consequência, a troca de calor entre o sangue e o meio exterior diminui, conservando-se a temperatura dos órgãos vitais. De forma inversa, em dias muito quentes, os vasos das extremidades se dilatam, para favorecer a troca de calor com o ambiente, podendo ocorrer mesmo um inchaço das mãos e dos pés.[2]

3- Por que os flamingos ficam em pé na água só com uma perna?

Resposta: Meu amigo Michael me ajuda a responder: os flamingos são aves tropicais que vivem próximo à água e se alimentam de pequenos crustáceos colhidos com seus longos bicos, enquanto se deslocam nas águas rasas. Para se deslocar e se alimentar, apoiam-se nas duas pernas, mas, na maior parte do tempo, mantêm-se dentro da água apoiados em apenas uma das pernas.

A razão disso é que os flamingos são animais de sangue quente e precisam manter a temperatura corporal. A perda de calor para a água é muito maior que para o ar. Embora suas pernas sejam finas, as patas são largas, e a superfície de contato delas com a água leva a grande perda de calor. Assim, se apenas uma das patas ficar mergulhada e a outra ficar levantada, em contato com o ar, a perda de calor será menor.[3]

Para saber mais sobre o assunto, leia:

[2] https://bit.ly/3d0mRbF. Acesso em: mar. 2021.

[3] https://bit.ly/3s9Kh2F. Acesso em: mar. 2021.

4- Por que a sombra de uma árvore é mais fresca que a sombra de uma marquise?

Resposta: Para se desenvolverem, as plantas usam a fotossíntese, que consiste numa reação entre água e gás carbônico, gerando os carboidratos, que formam as células vegetais, e oxigênio, liberado no ar. Essa reação necessita de energia, fornecida pela luz visível e pelo infravermelho próximo. A luz solar, portanto, é absorvida pela planta. Uma pessoa embaixo de uma árvore recebe pouca radiação vinda do Sol.

Na marquise, a luz incidente é absorvida pelo cimento, que se aquece e mais tarde libera o calor absorvido, parte para cima e parte para baixo. A pessoa embaixo da marquise receberá o calor liberado por ela.[4]

5- Existem lagartos voadores?

Resposta: Sim: os lagartos do gênero *Draco* (lagartos-dragões) são capazes de se deslocar pelo ar em busca de presas, entre as árvores que habitam. Eles possuem membranas laterais, que estendem como asas durante o deslocamento. Não se trata de um verdadeiro voo, pois as membranas não se movem para cima e para baixo, como as asas de um pássaro. Porém, a grande superfície dessas asas e o pequeno peso dos animais permitem que eles planem após o salto e alcancem grandes distâncias. Os lagartos podem também modificar a forma e a extensão das membranas para alterar a trajetória do deslocamento.[5]

Para saber mais sobre o assunto, leia:

[4] https://bit.ly/3cXGpxd. Acesso em: mar. 2021.

[5] https://bit.ly/2Ov4HFh. Acesso em: mar. 2021.

6- Por que as colmeias das abelhas têm favos hexagonais?

Resposta: Parece que as abelhas têm um bom conhecimento de geometria, já que escolhem a forma hexagonal para suas colmeias.

Na construção da colmeia, é preciso aproveitar ao máximo o espaço interno de cada favo, para o armazenamento do mel; ao mesmo tempo, é preciso economizar a cera, que forma as paredes dos favos.

A forma que mais aproveita o espaço (maior área interna com relação ao perímetro da parede) seria o círculo, mas, ao se colocarem diversos círculos lado a lado, há espaços vazios deixados entre eles. Para cobrir todo o espaço, é necessário usar um dos polígonos regulares: triângulo, quadrado ou hexágono. Destes, o que mais se assemelha ao círculo é o hexágono: ele preenche o plano e tem a maior área interna.[6]

Para saber mais sobre o assunto, leia:

[6] https://bit.ly/31UApif. Acesso em: mar. 2021.

7- Por que os cachorros latem quando passa uma motocicleta na rua?

Resposta: Meu colega Juan Carlos, engenheiro mecânico, lembra-me que os motores de carros e motos saem de fábrica com silenciadores, equipamentos que diminuem o ruído nas frequências audíveis para seres humanos. Por serem menores que nos carros, os motores das motos emitem ruídos em altas frequências, inaudíveis para nós, mas que os cães são capazes de ouvir. Tais sons não são amortecidos pelos silenciadores e incomodam os cães, que reagem com latidos.

Veja também a questão VI-14.[7]

8- Meus amigos Yeda e Dalvo perguntam o que é o daltonismo.

Resposta: Daltonismo é a incapacidade de alguns indivíduos em distinguir certas cores, ou certas tonalidades de cor. Essa dificuldade foi primeiramente estudada pelo químico britânico John Dalton (1766-1844), ele próprio portador dessa característica.

O olho humano tem três tipos de receptores para as cores: um centrado no vermelho, outro no verde e outro no azul. A composição da intensidade da luz percebida por esses três receptores será interpretada como a cor de uma certa tonalidade. Nos daltônicos, um dos receptores está ausente, o que dificulta a interpretação das cores. A característica é genética e acomete mais frequentemente homens que mulheres.[8]

Para saber mais sobre o assunto, leia:

[7] https://bit.ly/3fWR8K6. Acesso em: mar. 2021.

[8] https://bit.ly/3mtoOQO. Acesso em: mar. 2021.

9- Como os vagalumes fazem para se iluminar à noite?

Resposta: O vagalume produz uma substância chamada luciferina, que se concentra na parte inferior de seu abdome. Essa substância reage com parte do oxigênio da respiração do inseto, numa reação que fornece energia na forma de luz visível, em geral, amarelo-esverdeada. Não há emissão no infravermelho, e assim o inseto não se aquece ao emitir luz.[9]

10- Para que serve e como funciona o oxímetro de dedo?

Resposta: Trata-se de uma presilha que pode ser colocada na ponta de um dedo ou no lóbulo da orelha de uma pessoa. O aparelho é usado como forma rápida de se medir a taxa de oxigênio transportado no sangue pela hemoglobina.

De um lado da presilha estão dois LEDs, um que emite luz vermelha (comprimento de onda de 640 nm) e outro que emite no infravermelho (940 nm). Do outro lado, existe um sensor que capta a luz transmitida através do dedo ou lóbulo da orelha.

Sabe-se que a hemoglobina oxigenada absorve a radiação infravermelha, deixando passar a luz vermelha; por outro lado, a hemoglobina desoxigenada absorve bastante a luz vermelha e deixa passar a infravermelha.

Durante a medida, os LEDs se alternam: primeiramente, o vermelho se acende, com o infravermelho desligado; em seguida, a situação é invertida; por último, os dois LEDs se apagam, e o sensor recebe apenas a luz ambiente; o

---

Para saber mais sobre o assunto, leia:

[9] https://bit.ly/2PEQgzg. Acesso em: mar. 2021.

sensor registra a radiação em cada caso, e o aparelho pode subtrair a luz ambiente.

A razão entre a intensidade de radiação nos dois comprimentos de onda fornece a porcentagem da hemoglobina que está transportando oxigênio.

É preciso notar que outras células do dedo ou da orelha também podem absorver essas radiações; mas, uma vez que o sangue pulsa, o aparelho é projetado para analisar apenas a parte pulsante da absorção, embora essa seja uma pequena porção do total (em torno de 2%). É preciso se ter cuidado em não usar esmaltes de unha de cores fortes, que absorvem a radiação e podem falsear o resultado da medida.[10]

Para saber mais sobre o assunto, leia:

[10] https://bit.ly/3msr2jw. Acesso em: mar. 2021.

Capítulo IX

Materiais e construções

1- Por que o vento no topo de edifícios altos é mais forte que embaixo?

Resposta: O vento é a movimentação do ar devido a diferenças de temperatura e pressão na atmosfera. Próximo ao solo, esse movimento é amortecido pelo atrito entre o solo e as camadas de ar mais baixas. No topo de um edifício, o vento circula mais livremente e pode alcançar maiores velocidades. É também importante se considerar a existência ou não de prédios de mesma altura na vizinhança, pois eles podem servir de anteparo e diminuir a velocidade do vento.

Durante a construção do novo World Trade Center (Nova York, EUA), notou-se que, nos andares mais altos, o vento era tão forte que arrastava os operários que ali estavam trabalhando. Foi preciso adotar o procedimento de se fechar as laterais de cada andar construído, para que os trabalhos pudessem ser executados com segurança. Além disso, o próprio prédio poderia oscilar sob a ação do vento, o que foi evitado projetando-se sua forma de maneira que o vento pudesse se desviar, ao incidir sobre as paredes externas.[1]

Para saber mais sobre o assunto, leia:

[1] https://bit.ly/3fSznLX. Acesso em: mar. 2021.

2- Como se forma a ferrugem?

Resposta: A ferrugem é a oxidação do ferro, ou seja, a formação de óxido de ferro na superfície de peças de ferro. Ela se origina da reação do ferro com oxigênio. Para que essa reação ocorra, é necessário que o ferro libere elétrons, e isso acontece frequentemente na presença de água. Assim, a ferrugem se forma se um objeto de ferro é exposto ao oxigênio do ar, na presença de umidade.

Veja também a questão IX-10.[2]

3- A porta de entrada de minha casa é feita de metal pintado de preto e voltada para o Nascente. Observei que ela possui um "dispositivo de segurança" bem peculiar: não consigo abri-la de manhã, antes de determinado horário. O que pode estar acontecendo?

Resposta: Sendo voltada para o Nascente, a porta recebe a luz do Sol nas primeiras horas da manhã; além da luz visível, o Sol nos envia também radiação na faixa do infravermelho, que percebemos como calor. A porta preta absorve bastante calor. Como ela é feita de metal, a porta se dilata facilmente e fica presa no batente, dificultando a abertura. Somente mais tarde, quando o Sol já mudou de posição, ela esfria e se contrai, permitindo que seja aberta.[3]

4- Por que os prédios antigos (início do século XX) são mais estreitos nos andares mais altos que na sua base?

Resposta: Um exemplo clássico desse tipo de construção é o edifício Empire State, cartão-postal da cidade de Nova York. Minha amiga, a arquiteta Káttia, explica-me

---

Para saber mais sobre o assunto, leia:

[2] https://bit.ly/3cYq37y. Acesso em: mar. 2021.

[3] MÁXIMO, Antônio; ALVARENGA, Beatriz. *Física – volume único*. 2. ed. São Paulo: Scipione, 2007, cap. 7.

que, nessa época, os materiais empregados na construção civil eram principalmente tijolos, cimento e pedra, materiais pesados e que não tinham muita resistência à compressão. Caso as partes mais altas tivessem a mesma dimensão que a base, os andares mais baixos não poderiam suportar todo o peso da estrutura acima deles. Hoje o problema é resolvido utilizando-se materiais mais resistentes, por exemplo, o concreto protendido, que contém vigas de ferro em seu interior, ou ligas de aço, resistentes e leves. Também se procura diminuir o peso da estrutura usando-se materiais mais leves, como tijolos aerados ou furados, divisões internas em gesso etc.[4]

5- Por que um navio de aço não afunda, se o aço é mais denso que a água?

Resposta: A carcaça do navio é feita de aço, mas seu volume é preenchido com ar. É preciso considerar a densidade do conjunto casca + interior, o que em média resulta em uma densidade menor que a da água, permitindo ao navio que flutue.

Veja também a questão IV-4.[5]

Para saber mais sobre o assunto, leia:

[4] https://bit.ly/31U3YAC. Acesso em: mar. 2021.

[5] MÁXIMO, Antônio; ALVARENGA, Beatriz. *Física – volume único.* 2. ed. São Paulo: Scipione, 2007, cap. 5.

6- Algumas edificações recentes e obras de arte são recobertas por um tipo especial de aço denominado aço Corten. Em que consiste esse material e qual a sua vantagem?

Resposta: O aço Corten é uma liga especial, resistente à corrosão e à tensão. O nome da liga é derivado dessas propriedades: cor (de corrosão) e ten (de tensão). Além de ferro e carbono, elementos característicos na composição do aço, a liga contém em pequenas quantidades cobre, fósforo, níquel e cromo (em torno de 1%), que lhe conferem essas propriedades especiais.

Quando exposto ao ambiente, o aço Corten desenvolve uma camada aderente de óxido, avermelhada, que protege o restante do material contra a corrosão atmosférica dos ambientes urbanos, impedindo a entrada de oxigênio e umidade.

Ele é também mais resistente à tensão, devido às fortes ligações entre os átomos de ferro e os dos outros elementos adicionados.

Veja também a questão IX-8.[6]

7- Meu neto Pedro pergunta: por que o interior de catedrais antigas é fresquinho no calor e quentinho no inverno?

Resposta: As catedrais antigas eram construídas usando-se paredes de pedra, que deveriam ser muito grossas, para suportar o peso da construção. Elas têm, portanto, uma grande inércia térmica, propriedade que faz com que o fluxo de calor através delas seja muito lento. No verão, o

---

Para saber mais sobre o assunto, leia:

[6] https://bit.ly/3dDlzmZ. Acesso em: mar. 2021.

calor externo leva muito tempo para penetrar as paredes; o pico de temperatura no interior ocorre no final da tarde ou início da noite, quando a temperatura externa já começou a diminuir. Nesse momento, as paredes entregam calor para o interior, mas também para o exterior da catedral. O pico de temperatura é, portanto, mais baixo que o da temperatura externa.

No inverno ocorre o inverso: o calor de qualquer fonte interna (pessoas, velas ou sistema de aquecimento) fica retido e demora a escapar pelas paredes, fazendo com que o interior da catedral seja mais confortável que o exterior.[7]

8- Meu neto Tomás me pergunta: o que é inox?

Resposta: Chamamos inox ao aço inoxidável, uma liga metálica ferrosa, resistente à torção e à oxidação.

O aço é uma liga de ferro que contém cerca de 2% de carbono e baixas concentrações de enxofre e fósforo. Uma peça de ferro é friável, ou seja, quebra-se ao ser envergada. A adição de carbono a torna mais resistente à deformação.

Para evitar a oxidação, adicionam-se cerca de 11% de cromo à liga. Forma-se na superfície da peça uma fina camada de óxido de cromo (Cr_2O_3) transparente, e isso impede a oxidação do resto do material, mantendo o aspecto brilhante da peça.

Veja também a questão IX-6.[8]

Para saber mais sobre o assunto, leia:

[7] https://bit.ly/2Q7mMtw. Acesso em: mar. 2021.

[8] EBBING, Darrel D.; WRIGHTON, Mark S. *Química geral*. v. 2. 5. ed. Rio de Janeiro: LTC, 1998, p. 224.

9- No centro de Londres foi construído um prédio arredondado, com paredes externas de vidro. A construção ganhou o apelido de "Walkie-Talkie". Logo depois da sua inauguração, observou-se que os carros estacionados nas proximidades tiveram sua pintura danificada e até mesmo peças plásticas derretidas. O que pode ter acontecido?

Resposta: O vidro usado nas paredes era parcialmente refletor. Devido à sua forma, o prédio se tornou um espelho côncavo, refletindo a luz solar e concentrando-a em uma pequena região. Além da luz visível, o vidro também reflete a radiação solar na região do infravermelho, que, concentrada pelo espelho côncavo, aqueceu os carros próximos e os danificou.[9]

10- Por que algumas pessoas guardam em recipientes com água as esponjas de aço, usadas para a limpeza de panelas? Isso não provocaria ferrugem nas esponjas?

Resposta: Para que a esponja enferruje, além da água, é necessária a presença de oxigênio. Ela não se deteriora se mergulhada em água, mas ficará completamente oxidada se for umedecida e deixada em contato com o ar, que é composto de moléculas de oxigênio e de nitrogênio.

Veja também a questão IX-2.[10]

Para saber mais sobre o assunto, leia:

[9] https://bit.ly/2RaxXCc. Acesso em: mar. 2021.

[10] https://bit.ly/3cYq37y. Acesso em: mar. 2021.

11- Por que as vigas metálicas usadas na estrutura de uma edificação têm a seção transversal em forma de "I", em vez terem uma seção retangular?

Resposta: Quando colocada horizontalmente, uma viga metálica se deforma ligeiramente sob a ação do peso colocado sobre ela: a parte superior sofre uma compressão, enquanto a parte inferior sofre uma tensão. Na região intermediária, denominada camada neutra, não existem esforços dentro do material. Na viga em "I", a maioria do material está concentrada nas bordas superior e inferior, que são mais exigidas. A região central pode conter menos material, o que torna a viga mais leve e mais barata que outra, de seção retangular.[11]

Para saber mais sobre o assunto, leia:

[11] HEWITT, Paul G. *Física conceitual*. 11. ed. Porto Alegre: Bookman, 2011, cap. 12.

Este livro foi composto com tipografia Ottawa e impresso
em papel Off-Set 90 g/m² na Formato Artes Gráficas.